Varinder Singh

Efeito na resistência à compressão do betão com substituição parcial de FA e SF

Varinder Singh

Efeito na resistência à compressão do betão com substituição parcial de FA e SF

Imprint

Any brand names and product names mentioned in this book are subject to trademark, brand or patent protection and are trademarks or registered trademarks of their respective holders. The use of brand names, product names, common names, trade names, product descriptions etc. even without a particular marking in this work is in no way to be construed to mean that such names may be regarded as unrestricted in respect of trademark and brand protection legislation and could thus be used by anyone.

Cover image: www.ingimage.com

This book is a translation from the original published under ISBN 978-620-2-02160-9.

Publisher:
Sciencia Scripts
is a trademark of
Dodo Books Indian Ocean Ltd. and OmniScriptum S.R.L publishing group

120 High Road, East Finchley, London, N2 9ED, United Kingdom
Str. Armeneasca 28/1, office 1, Chisinau MD-2012, Republic of Moldova, Europe
Printed at: see last page
ISBN: 978-620-7-88136-9

"Efeito na resistência à compressão do betão com substituição parcial de cinzas volantes e sílica de fumo"

Er. Rahul Bansal
Dr. Varinder Singh

ÍNDICE DE CONTEÚDOS

RESUMO

O cimento é o principal ingrediente utilizado no betão. A procura de qualquer outro material que possa ser uma alternativa ao cimento deve conduzir ao menor impacto ambiental possível. A enorme quantidade de cinzas acumulada ao longo dos anos é suscetível de colocar um enorme problema para a sua eliminação e causar poluição ambiental que conduz a riscos para a saúde. Para minimizar todos estes efeitos, a melhor opção é promover a utilização em grande escala das cinzas de carvão que têm potencial para serem utilizadas no país... A energia sob a forma de eletricidade é uma necessidade básica para o desenvolvimento económico e o progresso social. A necessidade de fornecer energia eléctrica aos sectores industrial e agrícola em rápido crescimento levou à criação de um grande número de centrais térmicas a carvão em diferentes partes do país. Nestas centrais térmicas, a queima do carvão a altas temperaturas produz cinzas de carvão como material residual. A enorme quantidade de cinzas acumulada ao longo dos anos é suscetível de constituir um problema colossal para a sua eliminação e de causar poluição ambiental que conduz a riscos para a saúde. Para minimizar todos estes efeitos, a melhor alternativa é promover a utilização em grande escala das cinzas de carvão que têm potencial para serem utilizadas no país. É um caso de "transformar resíduos em riqueza e transformar cinzas em casos". A sílica de fumo, também designada por micro-sílica ou sílica de fumo condensada, é outro material utilizado como aditivo pozolânico artificial. É um produto resultante da redução de quartzo de alta pureza com carvão num forno de arco elétrico no fabrico de sílica ou de ligas de ferro-silício. A sílica de fumo surge como um vapor oxidado. Arrefece, condensa e é recolhida em sacos de pano. No presente estudo, foi estudada a substituição parcial de cinzas volantes e de sílica de fumo por cimento a 10%, 20% e 30%. Observou-se que a substituição de 10% de cinzas volantes por cimento provocou uma diminuição de 20% e 30% da resistência à compressão do betão aos 7 e 28 dias de idade, respetivamente. A substituição de 30% de cinzas volantes por cimento aumentou em 20% e 25% a resistência à compressão do betão aos 7 e 28 dias de idade, respetivamente. Da mesma forma, a substituição de 10% do cimento por sílica de fumo aumentou 40% e 25% a resistência à compressão do betão aos 7 e 28 dias de idade, respetivamente. Do mesmo modo, os 20% de substituição de cimento por sílica de fumo aumentaram a resistência média à compressão do betão em 18% e 20%, respetivamente, aos 7 e 28 dias de idade. A substituição de 30% do cimento por sílica ativa reduziu a resistência à compressão destes cubos em 10% e 20%, respetivamente, aos 7 e 28 dias de idade.

CAPÍTULO - 1
INTRODUÇÃO

1.1 GERAL

A energia é a principal espinha dorsal e a corrente sanguínea da civilização moderna em todo o mundo, e a energia eléctrica das centrais térmicas é uma das principais fontes de energia da qual depende o funcionamento e o crescimento da humanidade.

A energia sob a forma de eletricidade é uma necessidade básica para o desenvolvimento económico e o progresso social. O desenvolvimento da energia é, portanto, um requisito importante do desenvolvimento económico global.

A eletricidade das centrais térmicas é gerada a partir das centrais térmicas a carvão. As centrais térmicas a carvão produzem eletricidade, o que é essencial para o nosso desenvolvimento e crescimento. Por outro lado, estas centrais também produzem enormes quantidades de cinzas de carvão, que podem causar graves problemas ambientais e outros problemas relacionados. As cinzas volantes são um subproduto das centrais eléctricas alimentadas a carvão e podem variar muito em função da fonte. Devem cumprir os requisitos da norma ASTM.c.618. As partículas de cinzas volantes são normalmente mais finas do que o cimento e são constituídas principalmente por partículas esféricas vítreas. A utilização de cinzas volantes começou nos Estados Unidos no início da década de 1930. Os testes demonstraram que o betão de alta resistência pode ser fabricado utilizando grandes volumes de cinzas volantes da classe C (cerca de 1/3 do material total de cimento). Foram obtidos níveis de resistência na ordem dos 14.000 psi (100 MPa) com um ano de idade ou mais. Devido ao teor de carbono das cinzas volantes, podem ser necessários aditivos de retenção de ar. A cinza volante inibe a reação álcali-sílica (ASR) no betão endurecido. A cinza volante é utilizada em cerca de 40% do betão pronto.

As duas principais classes de cinzas volantes especificadas na norma ASTM C 618 são a classe F e a classe C. Todas as cinzas volantes utilizadas nos Estados Unidos antes de 1975 eram de classe F. O teor de cinzas volantes de classe C do betão varia geralmente entre 15 e 40% do material total de cimentação. O teor de cinzas volantes de classe F varia geralmente entre 15 e 25%. Existe também uma classe N; pozolanas naturais de cinzas vulcânicas ou outros materiais. As cinzas volantes de classe C são normalmente obtidas a partir da queima de carvão sub-betuminoso e lignite e têm os seguintes efeitos:

- Proporciona características de auto-endurecimento.
- Aumentar o tempo de fixação para a maior parte da classe C.
- Melhora a permeabilidade.
- Útil em betão pré-esforçado, e

- Possui uma elevada resistência inicial.

As cinzas volantes de classe F são normalmente obtidas da combustão de carvão antracite ou betuminoso e têm os seguintes efeitos

- Reduz a hemorragia
- Aumentar o tempo de fixação
- Melhorar a trabalhabilidade
- Reduz a segregação no betão plástico.
- Aumentar a resistência final
- Reduz o encolhimento por secagem e a permeabilidade.
- Diminui o calor de hidratação, e
- Reduz a fluência.

As cinzas volantes reduzem a resistência do betão na fase inicial, mas podem aumentar a resistência do mesmo betão na fase de 90 dias. A cinza volante foi utilizada em várias misturas com uma taxa de substituição de 25 a 35% em peso de cimento.

A necessidade de fornecer energia eléctrica aos sectores industrial e agrícola em rápido crescimento levou à criação de um grande número de centrais térmicas a carvão em diferentes partes do país. Nestas centrais térmicas, a combustão do carvão a altas temperaturas produz cinzas volantes como material residual. A enorme quantidade de cinzas volantes acumulada ao longo dos anos é suscetível de constituir um problema colossal para a sua eliminação e de causar poluição ambiental que conduz a riscos para a saúde. Para minimizar todos estes efeitos, a melhor alternativa é promover a utilização em grande escala das cinzas volantes que têm potencial para serem utilizadas no país. Para isso, é necessário desenvolver políticas e estratégias definidas a nível nacional. A primeira grande aplicação documentada de cinzas volantes na Índia terá sido na construção da barragem de Rihand, na qual as cinzas volantes constituíram 15% do peso total de cimento consumido.

A literatura disponível sobre o assunto sugere que o trabalho de I&D para a utilização de cinzas volantes foi efectuado durante o período de 1940-60 nos EUA, Japão, Nova Zelândia, Reino Unido e outros países europeus. Já em 1938, a Sociedade Americana de Engenheiros Mecânicos discutiu as possibilidades de utilização de cinzas volantes nos EUA, no Instituto Americano de Engenheiros Mineiros, Metalúrgicos e do Petróleo, no Conselho de Investigação Rodoviária, no Instituto de Investigação do Carvão e na Estação Experimental de Engenharia, etc.

No Instituto de Combustível (Reino Unido), foi efectuada investigação na década de 1940 para a utilização de cinzas volantes nas indústrias da construção e da engenharia civil. Durante as últimas décadas, engenheiros, cientistas e tecnólogos de todo o mundo têm trabalhado continuamente para estabelecer técnicas e canais de utilização de cinzas volantes com o objetivo de

(1)	Reduzir os riscos de poluição,

(2)	Reduzir os custos de eliminação de cinzas volantes,

(3)	Desenvolver novas tecnologias de construção e materiais que transformem os resíduos em utilização,

(4)	Melhorar a economia nacional no sector da energia,

(5)	Conservar as matérias-primas e os minerais.

Na Índia, a central térmica de Bokaro foi a primeira a libertar cinzas volantes como resíduo. Em meados da década de 1950, foi utilizada pela primeira vez no país, mas com uma aplicação muito limitada. Como o conhecimento e a tecnologia de utilização de cinzas volantes estavam bem documentados em revistas internacionais especializadas em construção, minas e trabalhos de investigação em engenharia civil. A experiência de Bokaro utilizou-os para utilizar as suas cinzas volantes. As directrizes para a especificação de cinzas volantes também foram prescritas na norma indiana de especificação de cinzas volantes (IS:3812 - 1981).

## 1.2	TIPO DE CINZAS

Nas centrais térmicas, são produzidos principalmente dois tipos de cinzas a partir da combustão do carvão. A mais leve sobe pela chaminé e é recolhida por um precipitador mecânico ou eletrostático, sendo conhecida como cinza volante. Uma parte das cinzas volantes escapa juntamente com os gases quentes através das chaminés. A outra fração, que contém materiais mais grosseiros, é recolhida no fundo do forno e designa-se por cinzas de fundo. As cinzas volantes são finas e transportadas com os gases de combustão. São separadas dos gases quentes num precipitador eletrostático (ESP). A cinza volante é quase como um solo siltoso. É tão fina como o cimento ou o pó de talco. A sua cor varia entre o cinzento e o preto.

Grosso modo, as cinzas residuais representam 10% e as cinzas volantes 90% do total de cinzas produzidas. A recolha e eliminação das cinzas de carvão é parte integrante do funcionamento das centrais eléctricas.

## 1.3	EXTRAÇÃO DE CINZAS VOLANTES

As cinzas volantes podem ser extraídas dos gases de combustão ou das caldeiras alimentadas a carvão moído/pulverizado ou a lenhite através de qualquer processo adequado, como um separador de ciclones ou um precipitador eletrostático. As cinzas de fundo das caldeiras não devem ser adicionadas às cinzas volantes (IS: 3812-1981).

Separador de ciclones - Dispositivo no qual as cinzas volantes são separadas por força centrífuga do fluxo de gás que é alimentado tangencialmente a alta velocidade numa concha cilíndrica e que pode seguir uma trajetória helicoidal. As cinzas volantes depositam-se nos lados do cilindro e deslizam lentamente para baixo, recolhendo-se no fundo, de onde são removidas.

Electro-precipitador - Dispositivo no qual é induzida uma carga eléctrica nas partículas de cinzas volantes que são subsequentemente removidas dos fluxos de gás sob a influência de um campo elétrico lateral.

1.4 ELIMINAÇÃO DE CINZAS VOLANTES

Todas estas cinzas volantes ejectadas das centrais térmicas têm de ser eliminadas numa área aberta disponível perto da central. No caso da eliminação por via húmida, que é atualmente seguida pela maioria das centrais térmicas, tanto as cinzas volantes como as cinzas de fundo são trituradas, misturadas com água e são apresentadas como cinzas de lagoa, que são na realidade cinzas de combustível pulverizado. Por vezes, as cinzas volantes misturadas com água são transportadas para lagoas ou para cursos de água próximos.

Devido à descarga de cinzas volantes perto de cursos de água, as cinzas volantes acabam por ir parar ao rio ou aos seus afluentes. A água poluída obstrui as galerias de infiltração e as estruturas de captação de água situadas no rio. A descarga de cinzas volantes no rio também afecta a vida aquática.

O sistema de eliminação húmida também devora vastos terrenos e a água das cinzas infiltra-se e contamina os lençóis freáticos, as nascentes e os cursos de água. Milhares de hectares tornaram-se impróprios para fins agrícolas devido às águas residuais das cinzas. O nosso país não se pode dar ao luxo de perder vastas áreas de terras produtivas para a descarga de cinzas volantes. A eliminação de cinzas volantes também causa poluição do ar, do subsolo e das águas superficiais, para além de consumir enormes hectares para a sua eliminação.

Desta forma, na Índia, milhares de hectares de terra foram danificados, os cursos de água foram poluídos e a atmosfera foi afetada, o que conduziu a problemas ecológicos e ambientais em grande escala. Trata-se de um problema nacional para a Índia, bem como para outros países interessados.

A eliminação de cinzas sob a forma de lama, com projectos melhorados, pode resolver o problema em certa medida a um custo considerável. Podem ser construídos diques mais altos e as cinzas da bacia de cinzas podem ser utilizadas para aumentar posteriormente a altura do dique. Isto servirá para aumentar a capacidade de armazenamento da bacia de cinzas e, assim, reduzir a necessidade de terrenos, porque a altura do dique será aumentada e algumas cinzas serão retiradas da bacia. Uma lagoa de cinzas com várias lagoas pode ajudar a restaurar a área de terra de eliminação anteriormente para uma florestação. Reduzirá também o problema da prevenção de poeiras das áreas secas para proporções mais fáceis de gerir.

Finalmente, podem ser efectuadas análises de infiltração na zona de eliminação e pode ser colocada uma ou duas camadas de um revestimento impermeável sempre que necessário. Isto evitará a contaminação das massas de água circundantes.

Outra alternativa ao método de eliminação de cinzas atualmente é o "método de eliminação de cinzas secas", que significa basicamente "método de eliminação de cinzas condicionadas", no qual as cinzas são cuidadosamente misturadas com um pouco de água e depois armazenadas no solo, com medidas adicionais para evitar a libertação de poeiras.

A eliminação de cinzas secas consiste em armazenar as cinzas no solo. Este método pode ser utilizado para encher áreas baixas perto da central ou, se estas não estiverem disponíveis, para construir um monte de cinzas secas no terreno perto da central eléctrica. Na zona de descarga, espalhar as cinzas, revolver e compactar e construir os contornos necessários em segmentos. A altura até à qual o monte pode ser formado varia de situação para situação, dependendo de factores como o grau de compactação e a capacidade de suporte do solo. As áreas que têm de ser trabalhadas de novo após um curto intervalo de tempo são cobertas com um spray de polímero para evitar a projeção de poeiras. As áreas que são construídas até aos contornos finais recebem sementeira de relva e uma variedade de culturas que podem ser cultivadas no monte. É igualmente previsto um sistema de drenagem adequado. As cinzas eliminadas no sistema seco, para além de devorarem uma vasta área, voam no ar e poluem a atmosfera, tornando-a insalubre e poeirenta. Quando as cinzas volantes secas são armazenadas, toda a área circundante fica coberta de cinzas volantes, causando poluição nos campos agrícolas e riscos para a saúde humana e do gado. A eliminação das cinzas volantes desta forma deixou de ser a solução. Amanhã, uma coleção tão grande de cinzas volantes será mais complexa do que as que estão atualmente em voga.

1.5 LACUNAS NAS ACTUAIS ESPECIFICAÇÕES NORMALIZADAS INDIANAS

Relativamente às cinzas volantes - ao ler as especificações da norma indiana IS: 3812-1981, verifica-se que existem lacunas graves nos requisitos de especificação das cinzas volantes. Estas são resumidas a seguir:

(I)   A norma IS 3812-1981 "Specification for fly ash" já prevê uma cláusula relativa ao fornecimento de cinzas volantes a granel ou em sacos. Atualmente, as centrais térmicas não fornecem cinzas volantes em sacos.

(II)   Perda na ignição - ao analisar os resultados da composição química das cinzas volantes indianas, observa-se que a perda na ignição, que representa principalmente o teor de carbono não queimado, é inferior a 6% na maioria dos casos. Assim, considera-se que a perda máxima por ignição pode ser revista para 6% em vez do atual limite de 12%, como nas especificações dos EUA, do Japão, etc., para melhorar a qualidade das cinzas volantes.

(III)   Finura (superfície específica) - As especificações prevêem apenas um valor mínimo de finura de 320 m^2/kg para a cinza volante de grau I. Não existe, portanto, um limite superior para a finura. Este valor pode ser revisto de modo a estabelecer uma gama de valores como na BS: 3892, para que sejam produzidas cinzas volantes de qualidade razoavelmente uniforme. Esta gama pode ser de 320-400 m^2 /kg.

(IV) Teor de humidade - O teor de humidade das cinzas volantes deve ser especificado no intervalo de 1 a 3%, como nas especificações do Reino Unido, dos EUA e do Japão. Pode ser recomendado um valor de 1,5%.

(V) Gravidade específica - É necessário especificar a gravidade específica máxima e o seu intervalo. A densidade máxima deve ser de 1,95.

(VI) Necessidade de água - É necessário especificar a necessidade máxima de água em percentagem da mistura de controlo.

(VII) Requisito de uniformidade - A variação máxima da finura e da gravidade específica, em percentagem da média, tem de ser especificada para garantir a uniformidade do produto.

As alterações acima referidas estão a ser ativamente analisadas pelo Bureau of Indian Standards.

1.6 Características físicas

A finura das cinzas volantes é um atributo físico importante que influencia a atividade das cinzas volantes mais do que qualquer outro fator físico. É normalmente determinada pelo método de permeabilidade ao ar de Blaine (tal como especificado na IS: 3812 (Parte I) - 1981) e é expressa como superfície específica. Verificou-se que a superfície específica das cinzas volantes indianas varia entre 2200-6850 cm^2 /gm, o que está em conformidade com o valor mínimo especificado de 3200 e 2500 cm^2 /gm. A superfície específica média registada para as cinzas volantes produzidas nos E.U.A. Francos e Japão situa-se entre 2000-6073 cm^2 /gm.

A forma das partículas em algumas das cinzas volantes indianas foi examinada ao microscópio polarizado. As amostras de cinzas volantes mostram partículas negras angulares e arredondadas, vidro esferoide e grãos de sílica minúsculos. O exame microscópico das cinzas volantes americanas mostra que a maior parte do material é de natureza vítrea. A forma das partículas é, no entanto, semelhante à observada nas cinzas volantes indianas.

As cinzas volantes são refractárias e abrasivas por natureza e a sua granulometria é muito fina, sendo o tamanho médio das partículas mais fino do que o do cimento, variando a área específica entre 4.000-10.000 cm^2 /gm, em comparação com cerca de 3.000-3.500 cm^2 /gm para o cimento.

1.7 UTILIZAÇÃO DE CINZAS VOLANTES

As condições-limite para a aplicação de cinzas volantes são definidas por: (a) Impacto ambiental (b) Viabilidade técnica e (c) Aspectos económicos. A Índia produz 38,4 milhões de toneladas de cinzas volantes por ano a partir de cerca de 64 centrais térmicas a carvão. Por outras palavras, são produzidos cerca de 0,2 - 0,3 kg de cinzas volantes por cada KWH de energia produzida. De acordo com as informações disponíveis, cerca de 70% das cinzas volantes são utilizadas em vários sectores nos países europeus, mas na Índia são utilizadas menos de 5%. A Associação de Cinzas dos EUA está a desenvolver ativamente uma investigação destinada a aumentar a utilização de cinzas volantes.

Algumas das possibilidades de utilização das cinzas volantes são apresentadas de seguida:

1.8 Utilização de cinzas volantes em aterros

As cinzas volantes são um material finamente pulverizado sem coesão. No entanto, observa-se alguma coesão aparente quando os materiais húmidos despejados são deixados sem serem perturbados durante um longo período de tempo. Assim, é possível utilizar a cinza volante na construção de um aterro e como material de enchimento para áreas baixas.

Dependendo do local onde vai ser utilizada, o modo de compactação da cinza volante tem de ser decidido. Como na utilização a granel de cinzas volantes como material de enchimento, não há reatividade pozolânica envolvida, mesmo a inundação por água para conseguir a compactação pode ser restaurada. No entanto, o melhor equipamento de construção é aquele que é adequado para solos de grão fino e não coesivos.

Nos locais onde as cinzas volantes são utilizadas como material de aterro, devem ser tomadas medidas para garantir a estabilidade e evitar a erosão lateral. Para este efeito, o projeto sugerido é apresentado na Fig. 2.7. Em ambos os lados desta camada, uma mistura de 45 a 60 cm de largura de solo/solo de cinzas volantes com um índice de plasticidade de cerca de 10% deve ser colocada em igual espessura. A camada superior de 30/40 cm (30 cm para estradas de aldeia e 40 cm noutros tipos de estradas) que forma a sub-base da camada de aterro deve ser construída com uma mistura de solo e cinzas volantes com um índice de plasticidade de cerca de 6%.

Investigações laboratoriais efectuadas no CBRI, Roorkee (1983) estabeleceram que é possível obter uma melhoria considerável da resistência adicionando solo às cinzas volantes. Isto tem a vantagem adicional de aumentar a compatibilidade das cinzas volantes. A resistência adicional obtida também reduziria os requisitos de espessura do pavimento.

Uma vez que a cinza volante é um material menos coeso durante a construção de um aterro, é, portanto, necessário fornecer suportes laterais, em primeiro lugar, para manter o material no estado confinado e, em segundo lugar, para controlar as erosões laterais. Isto pode ser conseguido através da colocação de uma camada de solos locais ou modificados com uma cobertura vegetal. Nos casos extremos em que os solos adequados não estão disponíveis, pode recorrer-se ao lançamento de pedras de outros materiais adequados, se encontrados localmente ou dentro de limites económicos.

1.9 Cinzas volantes como enchimentos estruturais, etc.

A utilização de cinzas volantes como material de enchimento oferece a vantagem real de um custo mínimo de processamento e de uma elevada taxa de utilização. As propriedades do material de maior importância quando se considera a cinza volante como um enchimento estrutural são o tamanho do grão, a densidade, as características de compactação, a resistência ao cisalhamento e a permeabilidade.

Nos Estados Unidos, as cinzas volantes são amplamente utilizadas como enchimento estrutural de suporte de carga para zonas industriais, etc., devido à sua capacidade de suporte de carga, peso leve e propriedades de auto-endurecimento. Constitui uma jangada de construção ideal para o desenvolvimento de edifícios em terrenos pobres. O assentamento é reduzido ao mínimo e a jangada de cinzas combustíveis pulverizadas endurecidas (PFA, denominadas cinzas volantes em Inglaterra) forma uma estrutura monolítica que pode colmatar os pontos fracos no subsolo, reduzindo assim o assentamento diferencial.

As cinzas volantes secas (solos armazenados), quando utilizadas diretamente como enchimento estrutural, criam poeiras suficientemente graves para bloquear um motor de automóvel. Isto pode ser evitado através da utilização de cinzas volantes condicionadas, adicionando água até 30% na própria fábrica.

1.10 Utilização de cinzas volantes - misturas de solos

Na Índia, existe uma grande variedade de solos, que podem ser agrupados em solos argilosos altamente plásticos (solos de algodão preto), solos siltosos (aluviais), solos arenosos (areia do deserto) e mistura de solo e cascalho (moorum) com fibras pouco ou muito plásticas. Estudos efectuados nestes solos mostraram que as características de resistência destes materiais podem ser melhoradas em grande medida quando misturadas com cinzas volantes. A quantidade de cinzas volantes necessária para uma melhoria óptima depende da natureza do solo. A melhoria das características de resistência do solo foi atribuída a:

(I)   Alteração da plasticidade dos finos.

(II)   Melhoria/modificação da distribuição do tamanho das partículas e

(III)   Até certo ponto, a reatividade pozolânica das cinzas volantes .

1.11 Cinzas volantes como condicionador de solo na agricultura

A propriedade mais importante da utilização de cinzas volantes para a recuperação de terras residuais é a sua capacidade de naturalização. A acidez da pedra é o principal fator limitante da sobrevivência das terras com vegetação. O outro parâmetro importante para o crescimento é o volume do espaço poroso e a capacidade de retenção de humidade. A utilização de cinzas volantes em proporções definidas em solos argilosos pesados e arenosos leves converte-os em solos de textura média, resultando num aumento da capacidade de retenção de humidade devido a um aumento do volume do espaço poroso da camada superficial. O estabelecimento de plantas (gramíneas e leguminosas, etc.) nas terras tratadas fornece matéria orgânica para ajudar a enriquecer o húmus do solo e a sua cobertura imediata resiste à erosão e reduz o potencial de poluição dos cursos de água.

Foram efectuadas experiências com cinzas volantes como condicionador do solo em parcelas experimentais da exploração agrícola de Neyveli, misturando percentagens variáveis (5 a 7) de cinzas volantes no solo e cultivando arroz e ragi. Os resultados indicaram um aumento de até 20% no rendimento. No entanto, são necessários mais trabalhos de investigação e desenvolvimento (I&D) numa escala temporal alargada para obter provas conclusivas.

Na central térmica de Nasik, perto de Eklahare, foi descoberta uma utilização única para as cinzas volantes. Foram plantadas árvores de várias variedades numa camada de 12 metros deste material residual e o seu crescimento foi considerado normal.

1.12 Sílica de fumo e propriedades da sílica de fumo

A sílica de fumo, também designada por micro-sílica ou sílica de fumo condensada, é outro material utilizado como aditivo pozolânico artificial. É um produto resultante da redução de quartzo de elevada pureza com carvão num forno de arco elétrico no fabrico de sílica ou de ligas de ferro-silício. A sílica de fumo surge como um vapor oxidado. Arrefece, condensa e é recolhido em sacos de tecido. É posteriormente processada para remover as impurezas e controlar a dimensão das partículas. A sílica de fumo condensada é essencialmente dióxido de silício (mais de 90%) numa forma não cristalina. Uma vez que se trata de um material transportado pelo ar, tal como as cinzas volantes, tem uma forma esférica. É extremamente fina, com um tamanho de partícula inferior a 1 mícron e um diâmetro médio de cerca de 0,1 mícron, cerca de 100 vezes mais pequena do que as partículas médias de cimento. A sílica de fumo tem uma área de superfície específica de cerca de 20,00 m2/kg, contra 230 a 300 m2/kg.

A sílica de fumo como aditivo no betão abriu mais um capítulo no avanço da tecnologia do betão. A utilização de sílica de fumo em conjunto com um super plastificante tem sido a espinha dorsal do betão moderno de elevado desempenho. Num artigo publicado na edição de 1998 da "Concrete International", Michael Shydlowski, Presidente da Mater Builder, Inc., afirma: "Há vinte e cinco anos, ninguém na indústria da construção em betão podia sequer imaginar criar e colocar misturas de betão que atingissem resistências à compressão no local tão elevadas como 120 MPa. Estruturas como a Key Tower, em Cleaveland, com uma resistência de projeto de 85 MPa, e a Wacker Tower, em Chicago, com uma resistência de betão especificada de 85 MPa, e a Union Square, em Seattle, com um betão que atingiu uma resistência de 130 MPa, são testemunhos dos benefícios da tecnologia da sílica ativa na construção de betão".

Deve ter-se em conta que a sílica de fumo, por si só, não constitui dramaticamente a resistência, embora contribua para a propriedade de resistência por ser um material pozolânico muito fino e também por criar um enchimento denso e poroso da pasta de cimento. Ver Fig. 5.29. Em termos reais, as elevadas resistências do betão de alto desempenho contendo sílica de fumo são atribuíveis, em grande medida, à redução do teor de água que se torna possível na presença de uma dose elevada de super plastificante e de um enchimento denso da pasta de cimento.

Pierre-Claude Aitcin e Adam Neville, num dos seus artigos "High-Performance Concrete Demystified", afirmam que "foram obtidas resistências na ordem dos 60 a 80 MPa sem utilização de sílica de fumo. Foram alcançadas resistências ainda mais elevadas, até 100 MPa, mas apenas raramente. Na nossa opinião, não há qualquer vantagem em evitar a sílica de fumo se esta estiver disponível e for económica, uma vez que a sua utilização simplifica a produção de betão de elevado desempenho e facilita a obtenção de resistências à compressão na gama de 60 a cerca de 90 MPa. Para resistências superiores, a utilização de sílica de fumo é essencial.

As misturas de sílica de fumo são utilizadas para satisfazer requisitos de elevada resistência e baixa permeabilidade. Têm sido utilizadas para produzir betão com resistências à compressão de até 20.000 psi. São adicionadas em pasta ou em forma seca na central de betão. A sílica de fumo é extremamente fina. As partículas são cerca de 100 vezes mais pequenas do que as partículas de cimento. Deve cumprir os requisitos da norma ASTM C 1240.

As vantagens são :

- Permeabilidade reduzida.
- Melhora a ligação dentro do betão.
- Melhora a resistência à corrosão.
- Pode reduzir a reatividade álcali-sílica (ASR).
- Aumento das resistências à compressão e à flexão, e
- Maior durabilidade.

As candidaturas são:

- Colunas estruturais de elevada resistência.
- Pavimentos de parques de estacionamento pouco permeáveis e
- Estruturas hidráulicas resistentes à abrasão.

Cenário da Índia

A sílica de fumo tornou-se um dos ingredientes necessários para a produção de betão de alta resistência e alto desempenho. Na Índia, a sílica de fumo tem sido utilizada muito raramente. A Nuclear Power Corporation foi uma das primeiras empresas a utilizar betão com sílica de fumo nos seus projectos de energia nuclear de Kaiga e Kota.

A sílica de fumo foi também utilizada num dos viadutos de Mumbai onde, pela primeira vez na Índia, foi utilizado betão de 75 MPa (1999). A sílica de fumo é agora também especificada para a construção do projeto proposto de ligação marítima Bandra-Worli em Mumbai.

Atualmente, a Índia não produz sílica de fumo de qualidade adequada. Recentemente, a Steel Authority of India disponibilizou as instalações necessárias para produzir anualmente cerca de 3000 toneladas de sílica de fumo no seu complexo de Bhadravathi. Aparentemente, a qualidade da sílica de fumo por eles produzida necessita de ser melhorada.

Na Índia, contudo, a sílica de fumo de qualidade internacional é comercializada pela Elkem Metallugy (P) Ltd. 66/67, Mahavir Centre, Sector 17, Vashi, Navi Mumbai - 400703/

Uma vez que a sílica de fumo ou micro-sílica é um novo material importante, vejamos este material com algum pormenor.

- A microssílica é inicialmente produzida como um pó ultrafino não densificado.

- Teor mínimo de 85% de SiO2

- Tamanho médio das partículas entre 0,1 e 0,2 mícrones

- A superfície específica mínima é de 15 000 m2/kg

- Forma esférica das partículas.

Formulários disponíveis

- A microssílica está disponível nas seguintes formas:

- Formas não densificadas com densidade aparente de 200-300 kg/m3

- Formas densificadas com densidade aparente de 500-600 kg/m3

- Formas micro-pelotadas com densidade aparente de 600-800 kg/m3

- Formas de lama com densidade 1400 kg/m3

- O chorume é produzido através da mistura de micro-sílica em pó não identificada e água em proporções iguais em peso. A pasta é a forma mais fácil e prática de introduzir a microssílica na mistura de betão.

- Área de superfície 15-20 m2/g

- Polpa de grau padrão valor de pH 4,7, gravidade específica 1,3 a 1,4, teor seco de micro-sílica 48 a 52%

Ação pozolânica

A micro-sílica é muito mais reactiva do que a cinza volante ou qualquer outra pozolana natural. A reatividade de uma pozolana pode ser quantificada medindo a quantidade de Ca(OH)2 na pasta de cimento em diferentes momentos. Num caso, 15% de micro-sílica reduziu o Ca(OH)2 de duas amostras de cimento de 24% para 12% aos 90 dias e de 25% para 11% em 180 dias. A maioria dos investigadores concorda que o C-5-H formado pela reação entre a microssílica e o Ca(OH)2 parece denso e amorfo. 5.14 **Influência no betão fresco**

As necessidades de água aumentam proporcionalmente à quantidade de micro-sílica adicionada. O aumento das necessidades de água do betão contendo microssílica será de cerca de 1% por cada 1% de cimento substituído. Assim, um betão com agregados de dimensão máxima de 20 mm contendo 10% de microssílica terá um aumento do teor de água de cerca de 20 litros/m2. Podem ser tomadas medidas para evitar este aumento, ajustando a classificação dos agregados e utilizando super plastificantes. A adição de micro-sílica conduzirá a um abatimento mais baixo mas a uma mistura mais coesa. A micro-sílica torna o betão fresco pegajoso e difícil de manusear. Verificou-se também que houve uma grande redução do sangramento e que o betão com microssílica pode ser manuseado e transportado sem segregação. Foi referido que o betão com microssílica é vulnerável à fissuração por retração plástica e, por conseguinte, deve ser considerada a cura em placas ou em tapete. O betão com micro-sílica produz mais calor de hidratação na fase inicial de hidratação. No entanto, a produção total de calor será menor do que a do betão de referência.

1.2 SELECÇÃO DE MATERIAIS

A produção eficaz de betão deve ser alcançada através de uma inspeção cuidadosa da seleção, controlo e dosagem de todos os ingredientes.

1.2.1 Cimento:

O desenvolvimento do HSC exigirá a utilização de um cimento Portland de óptima qualidade do ponto de vista da trabalhabilidade e da resistência. A variação no cimento fará com que a resistência à compressão do betão flutue mais do que qualquer outro material

1.2.2 Rácio água-cimento:

A aceitabilidade da água para betão não é um problema de maior se for utilizada água de tipo portátil. A evolução do betão requer uma relação a/c (água-cimento) entre 0,30 e 0,50.

1.2.3 Agregado grosso:

Os agregados grossos constituem a maior parte de uma mistura de betão. A areia, a gravilha natural e a pedra britada são utilizadas principalmente para este fim. Deve-se ter em conta cuidadosamente o tamanho, a forma, a mineralogia e a textura da superfície adequados. Os agregados de alta resistência não são adequados para o betão devido ao seu módulo de elasticidade muito elevado em comparação com o módulo de uma pasta de cimento, o que provoca concentrações de tensão contrárias que danificam o comportamento mecânico do betão. A presença de agregados aumenta consideravelmente a robustez do betão em relação à do cimento, que, de outro modo, é um material frágil, pelo que o betão é um verdadeiro material compósito.

1.2.4 Agregado fino:

As características e a qualidade dos agregados finos afectam as propriedades do betão tanto no estado fresco como no estado endurecido. A redistribuição do agregado após a compactação cria frequentemente uma homogeneidade devido à influência da vibração. Este facto pode levar a gradientes de resistência. A presença de agregados aumenta consideravelmente a robustez do betão em relação à do cimento, que, de outro modo, é um material frágil, pelo que o betão é um verdadeiro material compósito.

1.2.5 Sílica de fumo:

A sílica de fumo é um subproduto da produção de silício metálico ou de ligas de ferro-silício. Uma das utilizações mais benéficas da sílica de fumo é no betão. Devido às suas propriedades químicas e físicas, é uma pozolana muito reactiva. O betão que contém sílica de fumo pode ter uma resistência muito elevada e pode ser muito durável. A sílica de fumo está disponível nos fornecedores de aditivos para betão e, quando especificada, é simplesmente adicionada durante a produção de betão. A colocação, o acabamento e a cura do betão com sílica de fumo requerem uma atenção especial por parte do empreiteiro de betão. O silício metálico e as ligas são produzidos em fornos eléctricos, como se pode ver nesta fotografia. As matérias-primas são o quartzo, o carvão e as aparas de madeira. O fumo resultante do funcionamento do forno é recolhido e vendido como sílica de fumo, em vez de ser depositado em aterros. Talvez a utilização mais importante deste material seja como aditivo mineral no betão. A sílica de fumo é constituída principalmente por dióxido de silício (SiO2) amorfo (não cristalino). As partículas individuais são extremamente pequenas, aproximadamente $1/100^{th}$ do tamanho de uma partícula média de cimento. Devido às suas partículas finas, à grande área de superfície e ao elevado teor de SiO2, a sílica de fumo é uma pozolana muito reactiva quando utilizada no betão. A qualidade da sílica de fumo é especificada pelas normas ASTM C 1240 e AASHTO M 307. O betão de alta resistência é um material muito económico para suportar cargas verticais em estruturas de grande altura. Até há poucos anos, o betão de 6.000 psi era considerado de alta resistência. Atualmente, com a utilização de sílica de fumo, é possível produzir facilmente betão com uma resistência à compressão superior a 15.000 psi. A estrutura mostrada acima à direita utilizou betão de sílica ativa com uma resistência à compressão especificada de 12.000 psi em colunas que se estendem desde o solo até ao piso 57th . Atualmente, a maior causa de deterioração do betão nos EUA é a corrosão induzida por sais de degelo ou marinhos. O betão de sílica-fumo com baixo teor de água é altamente resistente à penetração de iões de cloreto. Cada vez mais agências de transportes estão a utilizar a sílica de fumo no seu betão para a construção de novas pontes ou para a reabilitação de estruturas existentes. O betão de sílica de fumo não acontece por acaso. Um especificado deve tomar uma decisão consciente de o incluir no betão para obter as propriedades desejadas. A assistência na especificação do betão com sílica de fumo para obter uma resistência elevada ou uma durabilidade acrescida pode ser obtida junto da SFA ou dos principais fornecedores de aditivos. A sílica de fumo para utilização em betão está disponível em formas húmidas ou secas. É normalmente adicionada durante a produção de betão numa fábrica de betão, como se mostra na fotografia. O betão de sílica de fumo tem sido produzido com sucesso tanto em centrais de mistura central como em centrais de lote seco. Está disponível assistência em todos os aspectos do manuseamento da sílica de fumo e da sua utilização para produzir betão consistente e de alta qualidade. O betão com fumos de sílica deve ser transportado, colocado, acabado e curado de acordo com as boas práticas de betonagem definidas pelo American Concrete Institute. O betão plano com sílica de fumo requer geralmente menos esforço de acabamento do que o betão convencional. A fotografia mostra o processo de acabamento "one-pass", no qual o betão de sílica de fumo é colocado, consolidado e texturado com pouco ou nenhum tempo de espera entre operações. Para obter o máximo de benefícios da utilização da sílica de fumo, o betão deve ser curado eficazmente. A SFA ou o seu fornecedor de betão podem prestar toda a assistência necessária relativamente às operações de construção.

1.3 OBJECTIVO DO ESTUDO

1. O objetivo deste estudo é verificar a resistência à compressão do betão M-20 com substituição parcial de cinzas volantes 10% 20%, 30% com cimento.

2. Determinar a resistência à compressão do betão M-20 com substituição parcial de sílica de fumo a 10%, 20% e 30%.

3. A comparação entre a resistência à compressão da substituição de cinzas volantes e sílica de fumo 10% 20% e 30% na idade de 7 dias e 28 dias de período de cura.

Para efeitos de utilização das cinzas volantes, foram utilizadas cinzas volantes neste estudo. Este facto leva a uma enorme acumulação de cinzas volantes no país, conduzindo à poluição ambiental e ao desperdício de terras agrícolas. Por conseguinte, é muito importante e do maior interesse nacional utilizar as cinzas volantes e salvar o ambiente da poluição e a terra agrícola da destruição. No presente estudo, também se utilizou sílica de fumo/sílica de fumo, que é um resíduo do forno elétrico. A sílica de fumo é também utilizada para aumentar a resistência à compressão. Neste estudo, a sílica de fumo aumenta a resistência à compressão.

Por conseguinte, o objetivo do presente estudo é realizar um estudo experimental sobre o efeito na resistência à compressão do betão com substituição parcial de sílica de fumo e cinzas volantes.

De acordo com Manmohan e Mehta, um estudo experimental de 1981 demonstrou que a pasta de cimento contendo 10-35% de cinzas volantes com baixo teor de cálcio provoca um refinamento significativo dos poros durante o período de cura de 28 a 90 dias. Além disso, foram registados problemas de dispersão dos agentes de retenção de ar devido ao elevado teor de carbono na cinza volante. Os investigadores argumentaram que, desde que seja fornecido um teor de ar e um fator de espaçamento suficientes, os elevados teores de carbono nas cinzas volantes não constituem um problema (Sturrup et al. 1983). Clendennning (1983) verificou que, para duplicar o teor de carbono, era necessária uma dosagem dupla de aditivo incorporador de ar para incorporar cerca de 6,5 ± 1% de ar. Nas suas conclusões, mencionaram que, desde que sejam obtidos os teores de ar necessários, o teor de carbono nas cinzas volantes não afecta negativamente o desempenho do betão de cinzas volantes face aos efeitos do congelamento e descongelamento. Klieger e Gebler (1987) observaram que o teor de matéria orgânica nas cinzas volantes era o fator mais significativo que afectava a retenção do volume de ar no betão fresco. O teor de carbono total e a perda por ignição das cinzas volantes mostraram menor correlação com a retenção do teor de ar no betão fresco do que o teor de matéria orgânica. Verificou-se que as cinzas da classe C retêm uma maior quantidade de ar arrastado do que as cinzas da classe F. Em geral, os betões com ou sem cinzas volantes mostraram boa resistência ao congelamento e descongelamento quando curados a 23° C, mas as cinzas da classe F mostraram menor resistência quando comparadas com o betão feito com cinzas da classe C quando curadas a baixas temperaturas

Yogendran et al. (1987) tentaram modificar as propriedades do betão, no que diz respeito à sua resistência e outras propriedades, utilizando sílica ativa e aditivos químicos. Concluíram que a substituição óptima do cimento por sílica de fumo para obter uma resistência elevada é de 15% para uma relação água-cimento de 0,34 em todas as idades.

O betão com elevado volume de cinzas volantes (HVFA), que contém cinzas volantes em níveis de substituição superiores a 50%, tem sido produzido com as cinzas volantes misturadas com o cimento ou adicionadas ao misturador como materiais de lote separados. Os primeiros, também conhecidos como cimentos HVFA misturados, apresentam melhorias em todas as propriedades (como resistência mecânica, durabilidade e resistência ao degelo), exceto na resistência aos sais de projeto, quando comparados com o betão em que as cinzas volantes e o cimento foram adicionados separadamente na betoneira (o HVFA também é conhecido por melhorar o desempenho em idades mais avançadas em termos de resistência e penetração de iões cloreto). Observaram que, para uma dada temperatura de cura, a melhor resistência à incrustação foi exibida pelo betão que não continha cinzas volantes

Naik e Singh (1991) investigaram a utilização de cinzas volantes de elevado volume para utilização em betão estrutural.

A inclusão de cinzas volantes da classe C no betão com um rácio de substituição de 1:1,25 resultou em valores mais baixos de

resistência à compressão e de resistência à tração por fendilhação no início até 7 dias. Após 7 dias, o betão que incorpora cinzas volantes de classe C apresentou uma resistência à compressão consistentemente mais elevada em comparação com o betão de referência em todos os níveis testados de cinzas volantes até 70% de substituição do cimento. Bilodeau et al. (1991) verificaram que o aumento dos rácios água/ligante (w/b) resultava num aumento da quantidade de incrustação. Observaram uma grande variabilidade nos resultados dos ensaios de estanquidade dos betões com cinzas volantes. Além disso, o aumento dos níveis de substituição de cimento por cinzas volantes resultou num aumento da quantidade de incrustações. Para a maioria das misturas testadas, uma boa resistência à incrustação (inferior a 0,8 kg/m2 recomendada pelo Ministério dos Transportes de Ontário, Toronto) foi observada apenas após 3 dias de cura húmida. Marchand et al. (1992) verificaram que apenas o betão de cimento de sílica de fumo misturado curado com um composto de cura formador de membranas apresentou uma massa de partículas seladas inferior a 1,5 kg/m2. A adição de cinzas volantes ou escórias resultou numa menor resistência à incrustação em comparação com a mistura de cimento de sílica de fumo.

Uma vez que esta investigação diz respeito ao desempenho do betão com materiais suplementares em condições de tempo frio, a discussão mais aprofundada restringir-se-á a este tópico. Algumas das principais preocupações relativas à inclusão de cinzas volantes ou de escórias no betão são o ganho lento de resistência nas primeiras idades e a eficácia do agente de retenção de ar devido à presença de carbono nas cinzas volantes, o que pode colocar problemas na criação de um sistema estável de vazios de ar. Ambas as preocupações acima referidas podem afetar a resistência do betão ao degelo e à incrustação salina. O Comité 201 do ACI sobre durabilidade do betão estabeleceu orientações específicas para a produção de betão durável em condições de congelamento. Estas incluem uma entrada de ar adequada, uma resistência à compressão adequada (4000 psi antes do congelamento) e um período de secagem ao ar antes de ser sujeito a condições de congelamento. Estudos anteriores mostraram que níveis mais baixos de substituição de cimento por cinzas volantes ou escórias, na ordem dos 20-35%, são óptimos para se obter uma durabilidade satisfatória em condições de congelamento (Nasser e Lai, 1993). Naik et al. 1995 verificaram que as misturas de betão devidamente curadas, uma contendo 40% de cinzas volantes da classe F e outra contendo 50% de cinzas volantes da classe C, apresentavam uma excelente resistência ao congelamento e descongelamento. O betão com 40% de cinzas volantes da classe F apresentou uma incrustação moderada, mas o betão com 50% de cinzas volantes da classe C apresentou uma incrustação grave após 50 ciclos de congelação e descongelação. Os mesmos autores também salientaram a eficácia da cinza volante de classe F na melhoria da resistência à penetração de iões cloreto em comparação com a cinza de classe C) observaram uma fraca resistência à escamação no betão com 50% de cinza volante. Todas as quatro misturas de pavimentos com cinzas volantes testadas neste estudo apresentaram uma classificação visual de 5 (pior classificação) para a resistência à escamação após 5 ou 10 ciclos de congelação-descongelação. Foi observado que a adição de super plastificante resultou num aumento do fator de espaçamento, o que corresponde a factores de durabilidade reduzidos. Nasser e Lai (1993) verificaram que o aumento do período de cura não aumentou a resistência ao gelo. A incorporação de 35 a 50% de cinzas volantes no betão foi prejudicial para a resistência ao gelo, apesar de os provetes terem sido curados durante 80 dias. No entanto, estes autores verificaram que 20% de cinzas volantes no betão resultaram num desempenho satisfatório (fator de durabilidade superior a 60%) e 35% de cinzas volantes resultaram num desempenho duvidoso a satisfatório (fator de durabilidade entre 40 e 60%). Estes autores também concluíram, a partir de micrografias SEM, que a diminuição da resistência à congelação e à descongelação pode dever-se à deslocação lenta do Ca (OH)2 microcristalino e dos hidratos fibrosos das zonas C-S-H densas para os vazios de ar durante o ciclo de congelação-descongelação. A cura desempenha um papel importante na redução da permeabilidade do betão. Isto é particularmente verdadeiro para o betão que contém materiais suplementares, uma vez que a dependência da cura aumenta com o aumento do nível de substituição do cimento. As experiências realizadas para determinar a resistência à penetração do betão de alta resistência não ar-entrado contendo sílica de fumo revelam algumas deficiências da norma ASTM C666, que recomenda apenas 14 dias de cura antes da primeira exposição a ciclos de congelação e descongelação (Cohen et al. 1992). A resistência do betão à entrada de sais nocivos ou à entrada de água depende da permeabilidade do sistema. Por outras palavras, uma microestrutura mais densa do betão não só garante uma menor entrada de sais nocivos, que podem causar problemas relacionados com a corrosão do aço das armaduras, como também reduz a absorção de água, o que é importante para melhorar a durabilidade do betão aos ciclos de congelação e descongelação. Todos os anos são gastos milhões de dólares na reabilitação de tabuleiros de pontes, que se deterioram com o tempo, principalmente devido à corrosão do aço de reforço. Além disso, foi provado experimentalmente que o preenchimento dos vazios de ar pela água é a causa mais provável da elevada incrustação em betões virgens (Jacobsen et al. 1997).

F.Curcio, B.A. De Angelis e S.Pagaliolico (1998) Na sua investigação, foram caracterizadas argamassas superplastificadas contendo metacaulino (MK) como 15% de substituição do cimento e com uma relação água/aglutinante de 0,33, tendo sido estudadas quatro amostras de MK disponíveis no mercado e comparadas com sílica de fumo. Três das quatro amostras de metacaulino mostraram melhorias na resistência à compressão nas primeiras idades, quando comparadas com o SF, mas aos 90 dias e mais tarde a diferença é reduzida. A diferença na resistência à compressão entre os espécimes com micro cargas e o controlo diminui após 28 dias, devido a um menor abrandamento da taxa de hidratação no controlo. Isto pode estar relacionado com a finura do microenchimento nos espécimes com metacaulino. Aos 90 e 180 dias, os espécimes de sílica de fumo com metacaulino apresentaram resistências semelhantes.

Handong yan, Wei Sun, Husiu chen (1999), na sua investigação, estudaram o desempenho em termos de impacto e fadiga do betão de alta resistência (HSC), do betão de alta resistência com sílica de fumo (SIFUHSC), do betão de alta resistência com fibras de aço (SFR HSC) e do betão de alta resistência com sílica de fumo com fibras de aço (SSF HSC) sob a ação de cargas dinâmicas repetidas. Foram investigados os mecanismos pelos quais a sílica de fumo e as fibras de aço reduzem os danos.

Os resultados indicam que as fibras de aço restringiram efetivamente o convite e a propagação de fissuras durante a falha. A presença de fibras de aço em betão de alta resistência foi eficaz na restauração da estrutura sob fadiga e impacto, atrasando o processo de dano. A sílica de fumo melhorou efetivamente a estrutura da inter-face, eliminou a fraqueza da zona interfacial, reduziu o número e a dimensão das fissuras e aumentou a capacidade das fibras de aço para resistir à fissuração e conter os danos. Como resultado, a incorporação de fibras de aço e sílica ativa pode, em conjunto, aumentar consideravelmente o desempenho do HSC sujeito a impacto e fadiga. O efeito de enchimento da sílica de fumo pode reduzir o número e a dimensão das fissuras originais na zona interfacial e na maior parte do betão e aumentar o efeito interfacial. As fibras de aço reforçam, endurecem e resistem principalmente à fissuração no HSC.

Brooks et.al. (2000), depois de estudarem o efeito da sílica de fumo, metacaulino, cinzas volantes e escória granulada de alto-forno moída nos tempos de presa do betão de alta resistência, concluíram que houve um aumento do efeito retardador até 10% de substituição do cimento por metacaulino e que, à medida que a percentagem de substituição aumenta, o efeito retardador diminui.

Shannag (2000) projectou e estudou uma resistência à compressão muito elevada de 69 a 110 MPa com a incorporação de pozolana natural e sílica de fumo disponíveis localmente. Concluiu que 15% de substituição de cimento por sílica de fumo, juntamente com 15% de pozolana natural, proporcionava uma resistência relativamente mais elevada do que sem pozolana natural.

De acordo com o estudo de **W.Aquino, D.A.Lange, J.Olek (2001), os** autores tentaram estudar a influência do SF (Silica Fume) e HRM (High Reactivity Metakaolin) na química dos produtos ASR (Alkali Silica reaction). Observaram que a sílica de fumo e o metacaulino de alta reatividade reduzem a expansão devida à ASR. Observaram também que o teor de cálcio dos produtos da ASR está a aumentar com o tempo em todas as amostras sem aditivos minerais e que foi detectado um nível mais baixo de cálcio nas amostras que continham aditivos minerais. Além disso, a microanálise de raios X mostrou que o teor de cálcio aumenta com o tempo nos produtos ASR. Verificou-se que, à medida que a reação ASR prossegue, a reação do cálcio para a sílica dos produtos da reação aumenta seguindo uma tendência linear. A partir dos resultados, sugere-se que o cálcio nos produtos de gel pode ser responsável pela expansão.

D.M.Roy, P.Arjunan, M.R.Silsbee (2001) Na sua investigação, os efeitos de ambientes químicos agressivos foram avaliados nas argamassas preparadas com cinzas volantes de baixo teor de cálcio/Metacaulino (MK)/fumo de sílica (SF)/cimento Portland normal (OPC) e em vários níveis de substituição. As condições químicas adversas naturais foram simuladas utilizando ácido sulfúrico, ácido clorídrico, ácido nítrico, ácido acético, ácido fosfórico e uma mistura de sulfatos de sódio e de magnésio. A resistência das argamassas acima referidas contra o ambiente químico foi proposta em concordância com as medições da resistência à compressão.

Os resultados mostram algumas tendências interessantes no que respeita à resistência aos ácidos. A substituição de SF, MK ou FA em determinadas condições demonstrou aumentar a resistência química destas argamassas em relação às argamassas com cimento Portland simples. A argamassa feita com as três séries mostrou uma fraca resistência a concentrações de ácido mais elevadas de 5% de ácido sulfúrico, 5% de ácido acético e 5% de ácido fosfórico. A resistência química aumentou na ordem da série SF para MK para FA e diminuiu à medida que o nível de substituição aumentou de 0-10% do nível de substituição em peso para 15-30% do nível em peso. Observaram que a resistência à compressão está a aumentar na ordem da cinza volante para a sílica de fumo para o metacaulino.

Megat Johari M.A. et al. (2001) Na sua investigação, foi estudado o efeito do metacaulino (MK) na fluência e retração de misturas de betão contendo 0%, 5%, 10% e 15% de MK. Os resultados mostraram que a retração autogénea medida a partir do momento da presa inicial na idade inicial do betão diminuiu com a inclusão de MK, mas a retração autogénea a longo prazo medida para a idade de 24 horas aumentou a um nível de substituição de 5%, o efeito do metacaulino aumentou a retração autogénea total considerando o momento da presa inicial. Enquanto que a níveis de substituição de 10% e 15% reduziu a retração autógena total. A retração total (retração autógena mais retração por secagem) medida a partir de 24 horas foi reduzida pela utilização de MK, enquanto a retração por secagem foi significativamente menor para o betão MK do que para o betão de controlo. Com níveis mais elevados de substituição de metacaulino, a fluência total, a fluência básica e a fluência por secagem foram significativamente reduzidas. Em geral, em comparação com o betão de controlo, a maior parte da retração total do betão MK é constituída por retração autógena, sendo a menor parte constituída por retração por secagem. Particularmente em níveis mais elevados de substituição de metacaulino, a fluência por secagem, a fluência básica e a fluência total foram grandemente reduzidas.

Jain-Tong Ding e Zongjinli (2002) investigaram as propriedades do betão através da incorporação de 0% a 15% de substituição de cimento por metacaulino (ou) sílica de fumo.

Concluíram que a incorporação de metacaulino e sílica ativa pode reduzir a retração por secagem livre e a largura da fissuração por retração restrita. Também podem reduzir significativamente a taxa de difusão de cloretos

Juenger et al. (2004)85 estudaram a reatividade álcali-sílica de grandes partículas derivadas da sílica de fumo. Relataram que, em ensaios acelerados, a sílica de fumo aglomerada diminui a expansão quando utilizada como substituto de 5% da areia reactiva.

David G. Snelson et al. (2008)94 investigaram o efeito da utilização de metacaulino e cinzas volantes como substitutos parciais do cimento na taxa de evolução do calor durante a hidratação. Observou-se que a adição de cinzas volantes ao cimento Portland melhorou a hidratação do cimento Portland nas fases iniciais da hidratação, mas em períodos prolongados um aumento na substituição de cinzas volantes causa uma redução sistemática na produção de calor. Ao combinar metacaulim e cinzas volantes em misturas ternárias, o metacaulim tem uma influência dominante na produção de calor versus perfis de tempo.

De acordo com Mohammed et. al Strength development of concrete containing coal fly ash under different curing temperature condition' publicado na conferência mundial de 2009 sobre cinzas de carvão (W.O.C.A), realizada em maio de 2009 em Lenington, EUA.A concluem que o betão de cinzas volantes foi experimentalmente semelhante ao de um betão de cimento Portland equivalente à temperatura normal de cura (200 por 32 dias). O seu trabalho indica que o betão de cinzas volantes pode ser utilizado em betão quando é necessária uma resistência intempestiva. de acordo com Amit Mittal Estudo experimental sobre a utilização de cinzas volantes em betão de mistura "resulta que, à medida que o teor de cinzas volantes aumenta, há uma redução da resistência do betão. Tarun r. Naik "High early strength containing large quantities of fly ash" concluiu que as cinzas volantes melhoram a trabalhabilidade do betão.

CAPÍTULO - 3

PROGRAMA EXPERIMENTAL

Método recomendado pela norma indiana para a conceção de misturas de betão (IS 10262)

O Bureau of Indian Standards recomendou um conjunto de procedimentos para a conceção de misturas de betão, principalmente com base no trabalho realizado em laboratórios nacionais. Os procedimentos de conceção de misturas são abrangidos pela norma IS 10262. Os métodos apresentados podem ser aplicados tanto ao betão de resistência média como ao betão de resistência elevada.

Antes de procedermos à descrição deste método passo a passo, são apontadas as seguintes deficiências. Algumas delas surgiram na sequência da revisão da IS 456-2000. Os procedimentos de conceção de misturas de betão precisam de ser revistos e, neste momento (2000 d.C.), foi formado um comité para analisar a questão da conceção de misturas.

(i)   A resistência do cimento atualmente disponível no país melhorou muito desde 1982. A resistência aos 28 dias das categorias de cimento A, B, C, D, E, F, deve ser revista.

(ii)   O gráfico que liga as diferentes resistências dos cimentos e W/C deve ser reconstituído.

(iii)   O gráfico que liga a resistência à compressão do betão aos 28 dias e as relações W/C deve ser alargado até 80 MPa, se este gráfico se destinar a betão de alta resistência.

(iv)   De acordo com a revisão da IS 456-2000, o grau de trabalhabilidade é expresso em termos de abatimento em vez de fator de compactação. Isto resulta numa alteração dos valores na estimativa dos teores aproximados de areia e água para o betão normal até 35 MPa e para o betão de alta resistência acima de 35 MPa. O quadro que apresenta o ajustamento dos valores do teor de água e da percentagem de areia para condições diferentes das normais requer alterações e modificações adequadas.

(v)   Tendo em conta o que precede e outras alterações introduzidas na revisão da norma IS 456-2000, o procedimento de conceção de misturas recomendado na norma IS 10262 deve ser alterado na medida considerada necessária e são elaborados exemplos de conceção de misturas.

No entanto, na ausência de uma revisão da norma indiana sobre o método de projeto de misturas, o método existente, ou seja, a norma IS 10262, é descrito a seguir, passo a passo. Sempre que possível, foram incorporadas as novas informações fornecidas na norma IS 456 de 2000 e o procedimento é alterado nessa medida.

24

Quadro 3.1 Conceção da mistura do betão M-20

(a)	Design stipulations	
	(i) Characteristic compressive strength required in the field at 28 days	20 MPa
	(ii) Maximum size of aggregate	20 mm (angular)
	(iii) Degree of workability	0.90 compacting factor
	(iv) Degree of quality control	Good
	(v) Type of Exposure	Mild

(b) Resistência média pretendida do betão

A resistência média pretendida para a resistência específica caraterística do cubo é de 20 + 1,65 x 4 = 26,6 MPa

(c) Seleção da relação água/cimento

O rácio água-cimento necessário para a resistência média pretendida de 26,6 MPa é de 0,50. Este valor é inferior ao valor máximo de 0,55 prescrito para a exposição "Suave" e adopta uma relação água/cimento de 0,45

Quadro 3.2 Proporção da mistura do betão M-20

Water	Cement kg/m^3	Fine aggregate kg/m^3	Coarse Aggregate kg/m^3
191.6	425.77	562	1211
0.45	1.00	1.32	2.85

Quadro 3.3 Quantidade de material

Sr. No.	Fly Ash & replacement	Cement kg/m^3	Sand kg/m^3	Aggregate kg/m^3
1	0%	425.77	562	1211
2	10%	383.20	562	1211
3	20%	340.60	562	1211
4	30%	298.40	562	1211

3.1 Programa experimental

Para efetuar a investigação experimental, foram moldados 21 cubos M-20 no total, dos quais 3 cubos foram utilizados como cubos de ensaio normais. Em seguida, foram seleccionados 3 cubos para substituição de 10% por cinzas volantes. De igual modo, foram retirados 3 cubos para 20% de substituição de cinzas volantes e outros cubos para 30% de substituição de cinzas volantes. De seguida, foram retirados 3 cubos para 10% de substituição com sílica de fumo. De igual modo, foram seleccionados 3 cubos para 20% de substituição por sílica de fumo e outros para 30% de substituição por sílica de fumo. A mistura de betão foi preparada de acordo com a norma indiana, tendo o desenho da mistura sido (1:1,32:2,85) com rácios de água-cimento de 0,45.

3.2 MATERIAIS

No programa experimental, agregado fino da zona II, cimento Portland comum (grau 43), agregados grossos de 20 mm e 10 mm, de acordo com a norma indiana utilizada

3.2.1 Cimento Portland

Embora todos os materiais que entram na mistura de betão sejam essenciais, o cimento é muitas vezes o mais importante porque é normalmente o elo delicado da cadeia. A função do cimento é, em primeiro lugar, unir a areia e a pedra e, em segundo lugar, preencher os espaços vazios entre as partículas de areia e pedra para formar uma massa compacta. Constitui apenas cerca de 20 por cento do volume total da mistura de betão; é a parte ativa do meio de ligação e é o único ingrediente cientificamente controlado do betão. Qualquer variação na sua quantidade afecta a resistência à compressão da mistura de betão. O cimento Portland, referido como (Ordinary Portland Cement), é o tipo mais importante de cimento e é um pó fino produzido pela moagem de clínquer de cimento Portland. O OPC é classificado em três graus, nomeadamente 33 Grau, 43 Grau, 53 Grau dependendo da resistência de 28 dias.

Tabela 3.4 Propriedades do betão de grau OPC 43

Sr. No.	Characteristics	Values	Value specified by IS:1489 (Part 1)-1991
1	Specific Gravity	3.13	-----
2	Standard Consistency, percent	32	-----
3	Initial Setting Time, minutes	105	Minimum30
4	Final Setting Time, minutes	260	Maximum 600

3.2.2 Agregado

Os agregados são os constituintes importantes do betão. Dão corpo ao betão, reduzem a retração e têm um efeito económico. Anteriormente, os agregados eram considerados materiais quimicamente inertes, mas atualmente reconhece-se que alguns dos agregados são quimicamente activos e que certos agregados apresentam ligações químicas na interface entre o agregado e a pasta. Pelo simples facto de os agregados ocuparem 70-80% do volume do betão, o seu impacto em várias características e propriedades do betão é, sem dúvida, considerável. Para saber mais sobre o betão, é essencial saber mais sobre os agregados, que constituem o maior volume do betão. Sem um estudo aprofundado e abrangente dos agregados, o estudo do betão fica incompleto. O cimento é o único componente normalizado de fábrica do betão. Os outros ingredientes, nomeadamente a água e os agregados, são materiais naturais e podem variar em muitas das suas propriedades. Não se pode subestimar a profundidade e a amplitude dos estudos que é necessário efetuar em relação aos agregados para compreender os seus efeitos e influências muito variáveis nas propriedades do betão. Os agregados constituem a maior parte de uma mistura de betão e conferem estabilidade dimensional ao betão. Para aumentar a densidade da mistura resultante, os agregados são frequentemente utilizados em dois ou mais tamanhos. A função mais importante do agregado fino é ajudar a produzir a trabalhabilidade e a uniformidade da mistura. O agregado fino ajuda a pasta de cimento a manter as partículas de agregado grosso em suspensão. Esta ação promove a plasticidade da mistura e evita a possível segregação da pasta e do agregado grosso, particularmente quando é necessário transportar o betão a alguma distância desde a central de mistura até à colocação. Os agregados fornecem cerca de 75% do corpo do betão e, por isso, a sua influência é extremamente importante. Devem, portanto, satisfazer certos requisitos para que o betão seja trabalhável, forte, durável e económico. Os agregados devem ter uma forma correcta, estar limpos, ser duros, fortes e bem classificados.

3.2.3 Agregado grosso

Os agregados que, na sua maioria, permanecem no peneiro IS de 4,75 mm e contêm apenas a quantidade de material fino permitida pelas especificações são designados por agregados grossos. O agregado grosso pode ser de um dos seguintes tipos

1. Cascalho britado ou pedra obtida por trituração de cascalho ou pedra dura.
2. Cascalho não britado ou pedra resultante da desintegração natural da rocha.
3. Brita ou pedra parcialmente britada obtida como produto da mistura dos dois tipos anteriores.

O agregado grosso graduado é descrito pela sua dimensão nominal, ou seja, 40 mm, 20 mm, 16 mm e 12,5 mm, etc. Por exemplo, um agregado graduado de dimensão nominal 12,5 mm significa um agregado cuja maior parte passa no peneiro IS de 12,5 mm. Uma vez que os agregados são formados devido à desintegração natural das rochas ou pela trituração artificial de rochas ou cascalho, muitas das suas propriedades derivam das rochas-mãe. Estas propriedades são a composição química e mineral, a gravidade específica da decifração petrográfica, a dureza, a resistência, a estabilidade física e química, a estrutura dos poros e a cor. Algumas outras propriedades dos agregados não possuídas pelas rochas-mãe são a forma e a dimensão das partículas, a superfície, a textura, a absorção, etc. Todas estas propriedades podem ter um efeito considerável na qualidade do betão nos estados fresco e endurecido. A dimensão máxima normal é gradualmente de 10-20 mm; no entanto, têm sido utilizadas dimensões de partículas até 40 mm ou mais no betão auto-adensável. Os agregados de granulometria variável são frequentemente melhores do que os de granulometria contínua, o que pode encarecer o atrito interno da máquina de granulometria e reduzir o fluxo. Relativamente às características dos diferentes tipos de agregados, os agregados triturados tendem a melhorar a resistência devido ao encravamento das partículas angulares, enquanto os agregados arredondados melhoram o fluxo devido a um menor atrito interno.

O agregado grosso utilizado foi uma mistura de duas pedras britadas disponíveis localmente, com dimensões de 20 mm e 10 mm, numa proporção de 70:30. Os agregados foram lavados para remover a sujidade e o pó e depois secos até ficarem secos à superfície. .

Tabela 3.5: Propriedades físicas dos agregados grossos

Sr. No.	Characteristics	Value	
		CA-I	CA-II
1	Type	Crushed	Crushed
2	Maximum Nominal Size (mm)	20	10
3	Specific gravity	2.63	2.66
4	Total Water absorption	1.70	1.75
5	Fineness modulus	7.01	6.66

Tabela 3.6 Análise granulométrica do agregado grosso (20 mm)

Sr. No.	IS-Sieve (mm)	Wt. Retained (gm)	%age retained	%age passing	Cumulative % retained
		Weight of sample taken = 3000 gm			
1	80	0.00	0.00	100.00	0.00
2	40	0.00	0.00	100.00	0.00
3	20	53.00	1.77	98.23	1.77
4	10	2938.50	97.95	0.28	99.72
5	4.75	5.50	0.18	0.10	99.90
6	Pan	3.00	0.10	0.00	
	Total	3000.00		SUM	201.38 + 500 = 701.38
				FM =	*7.01*

Tabela 3.7 Análise granulométrica do agregado grosso (10 mm)

Sr. No.	IS-Sieve (mm)	Wt. Retained (gm)	%age retained	%age passing	Cumulative % retained
		Weight of sample taken = 3000 gm			
1	100	0.00	0.00	100.00	0.00
2	80	0.00	0.00	100.00	0.00
3	40	0.00	0.00	100.00	0.00
4	20	0.00	0.00	100.00	0.00
5	10	2012.00	67.07	32.93	67.07
6	4.75	958.00	31.93	1.00	99.00
6	Pan	30.00	1.00	0.00	
	Total	3000.00		SUM	166.07 + 500 = 666.07
				FM =	*6.66*

3.2.4 Agregados finos:

É o agregado cuja maior parte passa através de um peneiro IS de 4,75 mm e contém apenas o material mais grosseiro permitido pelas especificações. Considera-se geralmente que a areia tem um limite inferior de dimensão de cerca de 0,07 mm. O material entre 0,06 mm e 0,002 mm é classificado como silte, e as partículas ainda mais pequenas são designadas por argila. O depósito macio constituído por areia, silte e argila em proporções aproximadamente iguais é designado por argila. O agregado fino pode ser de um dos seguintes tipos:

1. Areia natural, ou seja, o agregado fino resultante da desintegração natural de rochas e/ou o que foi depositado por agências fluviais e glaciares.

2. Areia de pedra britada, ou seja, o agregado fino produzido pela britagem de pedra dura.

3. Areia de brita triturada, ou seja, o agregado fino produzido pela trituração de brita natural.

De acordo com o tamanho, o agregado fino pode ser descrito como areia grossa, média e fina. Dependendo da distribuição do tamanho das partículas. A norma IS: 383-1970 dividiu o agregado fino em quatro zonas de classificação. As zonas de classificação tornam-se progressivamente mais finas desde a zona de classificação I até à zona de classificação IV. Neste programa experimental, os agregados finos (pó de pedra) foram recolhidos em Jhelum Stone Crusher, Mirthal, Pathankot e estão em conformidade com a zona de classificação II. Tratava-se de areia grossa de cor castanha clara. A areia foi peneirada num peneiro de 4,75 mm para remover as partículas de tamanho superior a 4,75 mm. A análise granulométrica e as propriedades físicas do agregado fino foram testadas de acordo com a IS: 383-1970 e os resultados são apresentados no Quadro 3.5. A gravidade específica dos agregados finos foi determinada experimentalmente como 2,49. A análise granulométrica dos agregados finos foi efectuada para obter o módulo de finura.

Tabela 3.8 Análise granulométrica do agregado fino

Weight of sample taken = 1000 gm					
Sr. No.	IS-Sieve (mm)	Wt. Retained (gm)	%age retained	%age passing	Cumulative % retained
1	4.75	6	0.6	99.4	0.6
2	2.36	59	5.9	93.5	6.5
3	1.18	220	22	71.5	28.5
4	600 µ	0.00	0.00	100.00	0.00
5	300 µ	316.5	31.65	23.95	76.05
6	150 µ	196.5	19.65	4.3	95.70
7	Pan	43	4.3	0.0	
	Total	1000.00		SUM	251.75
				FM =	2.51

Tabela 3.9 Propriedades físicas do agregado fino

Sr. No.	Characteristics	Test Values
1	Specific gravity (oven dry basis)	2.63
2	Fineness modulus	2.51
3	Water absorption	2.30

Tabela 3.10 Propriedades da cinza volante

Properties	Description	Requirement as IS: 3812-2003
Physical properties	Fineness – sp. Surface (m^2/kg)	> 320
	Comp. strength at 28 days as % of cement mortar cube	> 80
	Lime reactivity (MPa)	> 4.0
	Drying shrinkage	> 0.15
	Soundness by autoclaving Expansion Method	> 0.8
	Retention	> 34

Tabela 3.11 Propriedades químicas da cinza volante

Properties	Description	Requirement as IS: 3812-2003
Chemical properties	Loss on ignition (% by wt.)	< 12
	Silica as SiO_2 (% by wt.)	> 35
	Iron Oxide as Fe_2O_3 (% by wt.)	......
	Alumina as Al_2O_3 (% by wt.)	......
	Total of $SiO2$, Fe_2O_3, Al_2O_3 (S% by wt.)	> 70
	Calcium Oxide CaO (% by wt.)	......
	Magnesium Oxide MgO (% by wt.)	< 5.0
	Sulfur as SO_3 (% by wt.)	< 2.75
	Alkalis (% by wt.) Sodium Oxide	< 1.50

Quadro 3.12 Composição química da sílica de fumo

Constituent	Content (%)
SiO_2	97
Fe_2O_3	0.5
Al_2O_3	0.2
CaO	0.2
MgO	0.5
K_2O	0.5
N_2O	0.2
SO_3	0.15
C_1	0.01
H_2O	0.5

CAPÍTULO - 4
RESULTADOS E DISCUSSÃO

Em primeiro lugar, os cubos de grau M-20 de tamanho 150 mm^3 foram testados numa máquina de ensaio de compressão e a resistência à compressão destes cubos foi registada aos 7 e 28 dias de idade. A resistência média à compressão destes cubos foi de 16,8 MPa e 24,44 MPa aos 7 e 28 dias de idade, respetivamente. De seguida, 10% do cimento foi substituído por cinzas volantes em peso e o conteúdo de outros materiais foi o mesmo nos cubos e foram curados durante 28 dias. Observou-se que a resistência média à compressão destes cubos era de 13,90 MPa e 16,10 MPa aos 7 e 28 dias, respetivamente. Observou-se que 20% e 30% diminuíram o valor da resistência à compressão aos 7 e 28 dias, respetivamente. Da mesma forma, 20% do cimento foi substituído por cinzas volantes. Observou-se que a resistência média à compressão destes cubos registou um aumento de 7% e 11% no valor da resistência à compressão aos 7 e 28 dias, respetivamente. Em 30% do cimento foi substituído por cinzas volantes. Observou-se que a resistência média à compressão destes cubos aumentou 20% e 25%, respetivamente, aos 7 e 28 dias. Da mesma forma, 10% do cimento foi substituído por sílica de fumo em peso e o conteúdo de outros materiais foi o mesmo nos cubos e foram curados durante 28 dias. Observou-se que a resistência média à compressão destes cubos era de 22,15 MPa e 30,15 MPa aos 7 e 28 dias, respetivamente. Observou-se que 40% e 25% aumentaram o valor da resistência à compressão aos 7 e 28 dias, respetivamente. Em 20% do cimento foi substituído por sílica de fumo. Observou-se que a resistência média à compressão deste cubo foi de 18% e 20% de aumento do valor da resistência à compressão aos 7 e 28 dias, respetivamente. Da mesma forma, 30% do cimento foi substituído por sílica de fumo. Observou-se que a resistência média à compressão destes cubos diminuiu 10% e 20%, respetivamente, aos 7 e 28 dias.

| Tabela: 4.1 Resistência à compressão do betão com 10% de substituição de cinzas volantes | Tabela: 4.2 Resistência à compressão do betão com 20% de substituição de cinzas volantes |

STRENGTH → DAYS ↓	M-20 concrete	10% Fly Ash Replacement
	Compressive Strength (MPa)	Compressive Strength (MPa)
7 Days	16.8	13.90
28 Days	24.44	16.10

STRENGTH → DAYS ↓	M-20 concrete	20% Fly Ash Replacement
	Compressive Strength (MPa)	Compressive Strength (MPa)
7 Days	16.80	17.90
28 Days	24.44	26.70

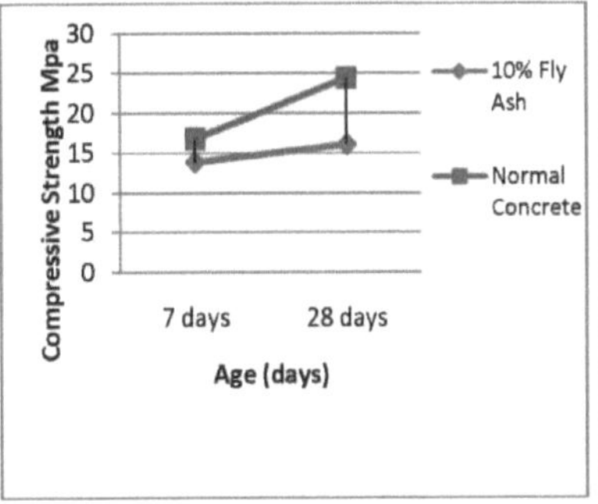

Resistência à compressão a 10% de substituição de cinzas volantes

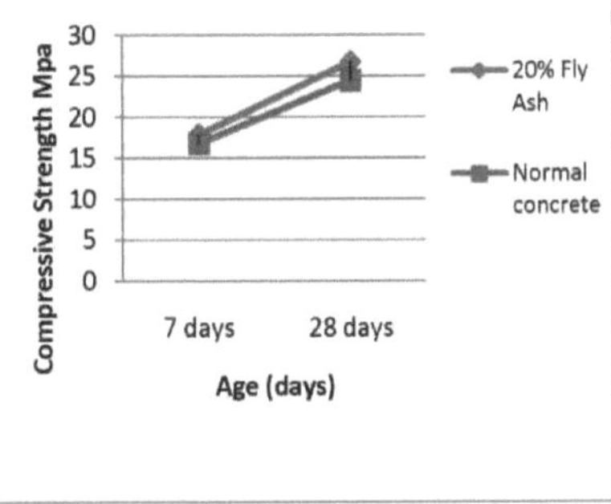

Resistência à compressão com 20% de substituição de cinzas volantes

Figura 4.1

Figura 4.2

Tabela 4.3 Resistência à compressão do betão com 30% de substituição de cinzas volantes

STRENGTH → DAYS ↓	M-20 concrete	30% Fly Ash Replacement
	Compressive Strength (MPa)	Compressive Strength (MPa)
7 Days	16.8	20.22
28 Days	24.44	30.55

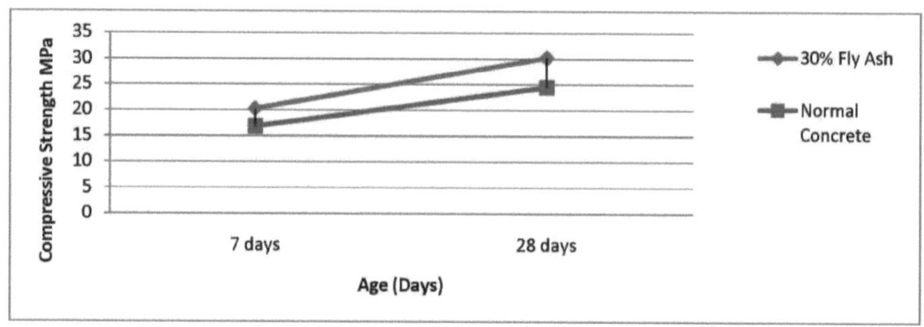

Resistência à compressão 30% Substituição Figura 4.3

Tabela: 4.4 Resistência à compressão do betão com todas as substituições de cinzas volantes

Curing Age in Days	Normal concrete M-20	10% Fly Ash	20% Fly Ash	30% Fly Ash
7 Days	16.80	13.90	17.90	20.22
28 Days	24.44	16.10	26.70	30.55

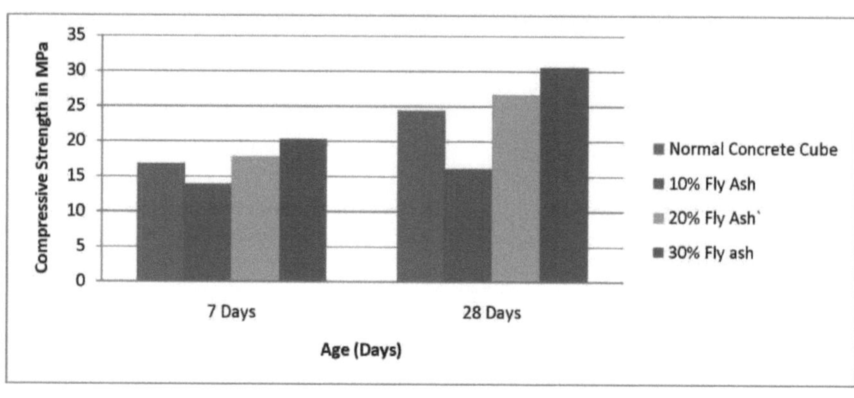

Resistência à compressão do betão com todas as substituições de cinzas volantes Figura 4.4

<table>
<tr><td colspan="5">Tabela: 4.5 Resistência à compressão do betão com 10% de substituição de sílica de fumo</td></tr>
</table>

STRENGTH → DAYS ↓	M-20 concrete	10% Silica Fume Replacement
	Compressive Strength (MPa)	Compressive Strength (MPa)
7 Days	16.8	22.15
28 Days	24.44	30.15

Tabela: 4.6 Resistência à compressão do betão com 20% de substituição de sílica de fumo

STRENGTH → DAYS ↓	M-20 concrete	20% Silica Fume Replacement
	Compressive Strength (MPa)	Compressive Strength (MPa)
7 Days	16.80	18.15
28 Days	24.44	28.15

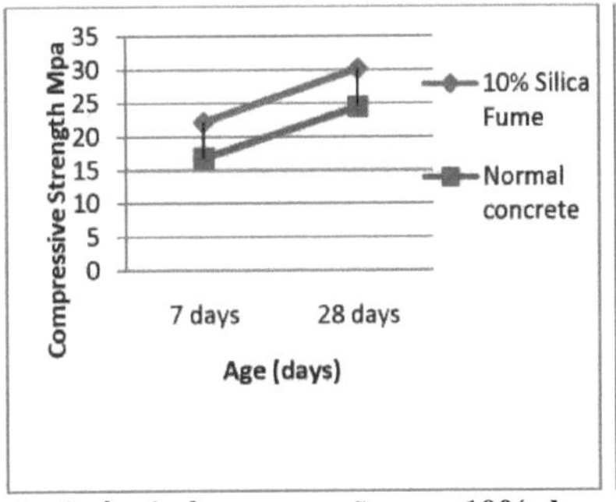

Resistência à compressão com 10% de substituição de sílica de fumo

Figura 4.5

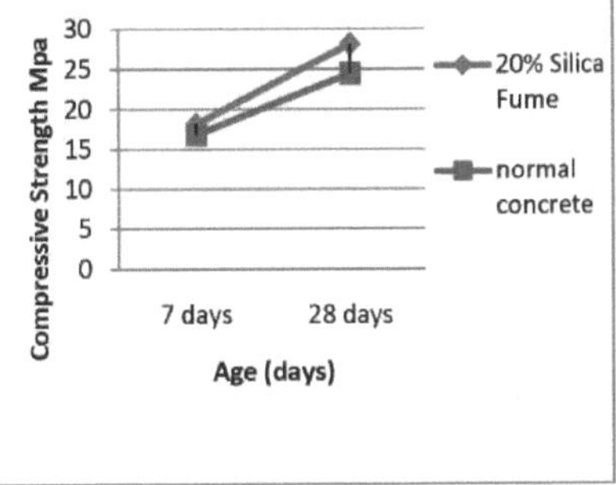

Resistência à compressão com 20% de substituição de sílica de fumo

Figura 4.6

Tabela 4.7 Resistência à compressão do betão com 30% de substituição de sílica de fumo

STRENGTH → DAYS ↓	M-20 concrete	30% Silica Fume Replacement
	Compressive Strength (MPa)	Compressive Strength (MPa)
7 Days	16.8	15.10
28 Days	24.44	19.10

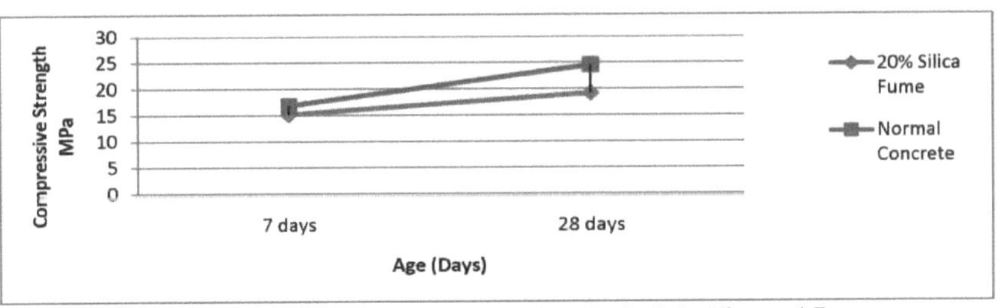

Resistência à compressão 30% de substituição Figura 4.7

Tabela: 4.8 Resistência à compressão em todas as substituições de sílica de fumo

Curing Age in Days	Normal concrete M-20	10% Silica Fume	20% Silica Fume	30% Silica Fumes
7 Days	16.80	22.15	18.15	15.10
28 Days	24.44	30.15	28.15	19.10

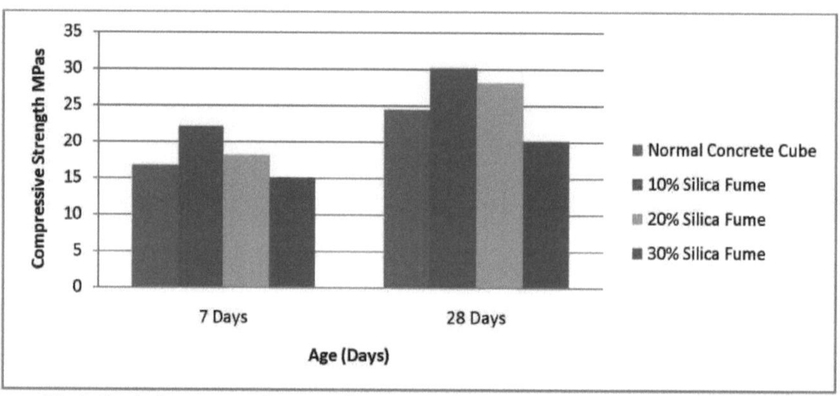

Resistência à compressão em todas as substituições de sílica de fumo Figura 4.8

Tabela: 4.9 Resistência à compressão com substituição de sílica de fumo e cinzas volantes

Curing Age in Days	Normal concrete M-20	10% Silica Fumes	10% Fly Ash	20% Silica Fume	20% Fly Ash	30% Silica Fume	30% Fly Ash
7 Days	16.80	22.15	13.90	18.15	17.90	15.10	20.22
28 Days	24.44	30.15	16.10	28.15	26.70	19.10	30.55

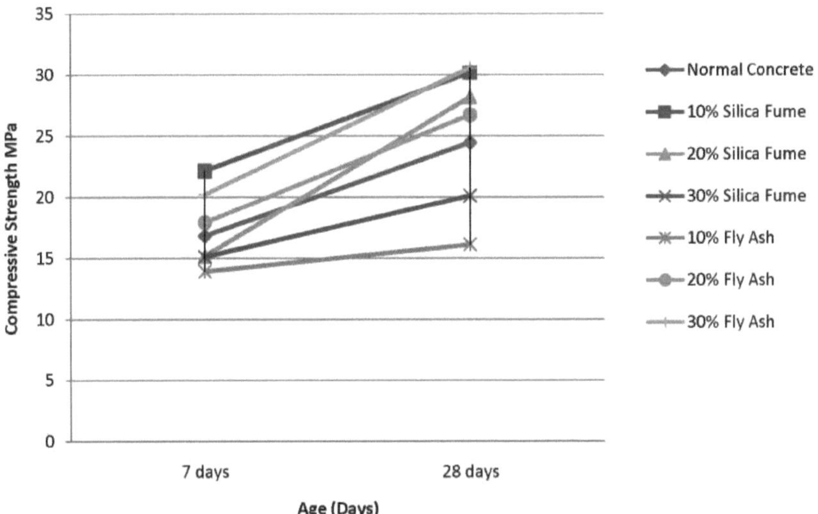

Resistência à compressão em todas as substituições de sílica de fumo e cinzas volantes Figura 4.9

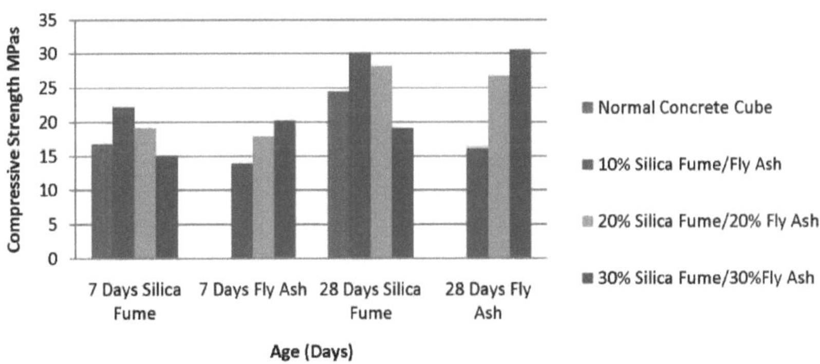

Resistência à compressão com substituição de sílica de fumo e cinzas volantes Figura 4.10

Preparação da mistura de betão M-20
Figura 4.11

Compactação em betão
Figura: 4.12

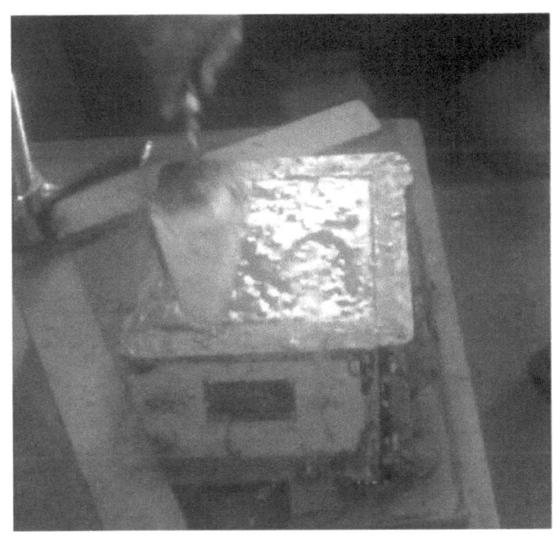

Compactação do betão
Figura: 4.13

Cubos vazados
Figura:4.14

Análise granulométrica do agregado grosso
Figura: 4.15

CAPÍTULO - 5
CONCLUSÃO

O resultado obtido no ensaio de resistência à compressão realizado em betão contendo várias percentagens de cinzas volantes de diferentes locais foi o seguinte

1. medida que o teor de cinzas volantes aumenta, verifica-se um aumento e uma diminuição da resistência do betão.

2. A substituição de 10% de cinzas volantes dá 20% e 30% de diminuição da resistência à compressão em comparação com o betão M-20 normal na idade de 7 e 28 dias, respetivamente.

3. Observou-se que, com a substituição de 20% de cinzas volantes, a resistência à compressão do betão aumentou 7% e 11% em comparação com o betão M-20 normal.

4. Verificou-se que, com 30% de cinzas volantes, 20% e 25% aumentam a resistência à compressão em comparação com o betão M-20 normal aos 7 e 28 dias de cura.

5. Observou-se que com 10% de substituição de sílica de fumo a resistência à compressão do betão foi de 22,15 MPa e 30,15 MPa aos 7 e 28 dias de idade, respetivamente. Observou-se que 40% e 25% aumentam o valor da resistência à compressão para 7 e 28 dias, respetivamente

6. 20% do cimento foi substituído por sílica de fumo. Observou-se que a resistência à compressão do betão aumentou 18% e 20% em comparação com o betão M-20 normal aos 7 e 28 dias, respetivamente.

7. Em 30% do cimento foi substituído por sílica de fumo. Observou-se que a resistência média à compressão do betão diminuiu 10% e 25% em comparação com o betão M-20 normal aos 7 e 28 dias, respetivamente.

REFERÊNCIAS

1. Amit Mittal " Estudo experimental sobre a utilização de cinzas volantes em betão"
2. Brooks et.al.(2000) "Study The Effect of Silica Fume,FlyAsh, Ground grangulated Blast Furnace Slag on Setting Times of High Strength Concrete".
3. David G.Sneslon et.al (2008) I "O efeito do uso de metacaulim e substituição parcial de cinzas volantes com cimento na taxa de avaliação de calor durante a hidratação".
4. Is 10262-2009, Recommended Guidelines For Concrete Mix Design, Bureau of Indian Standard, Nova Deli.
5. Código Is 456:2000.
6. Jain-tong ding e zongjini (2002)". The properties of Concrete By Incorprating 0%-15% Cement Replacement By Metakaolin or Silicafume".
7. Marchand Et.Al (2000) "Influence Of High Alkali Cement on The Scaling Resistance of Concrete" (Influência do cimento com elevado teor de álcalis na resistência do betão à incrustação).
8. M.L. Gambhir Tecnologia do betão
9. Mohamed et.al "Strength Development Of Concrete Containing Coal Fly Ash Under Different Curing Temperature Condition" Publicado em 2009 World Coal Ash (W.O.C.A) Conference May 2009.
10. Tecnologia de betão M.S Shetty
11. Naik e Singh (1991) "The Use of High Volume Fly Ash For Use In Structural Concrete".
12. Nasser e Lei (1993) "Lower Replacement Levels of Cement With Fly Ash".
13. Neville A.M. (1995) "Properties of Concrete". Essex, Longmen.
14. N.r. Buenfeld e j.b. Newman. A permeabilidade do betão em meio marinho.
15. Ravi Kumar Ms Et.Al Comportamento do betão de cinzas de forno autocompactante e autopolimerizável com várias misturas. ARPN J Eng. Appl Sci 2006:13:25-9.
16. R.S. Khurmi Engenharia civil
17. A especificação para a utilização de cinzas volantes como pozolona e aditivo é 3812:1981, bureau of Indian standard, Nova Deli, Índia.
18. A especificação para agregados grossos e finos de fontes naturais para betão é 383:1970 bis Nova Deli
19. A especificação 53 do cimento Portland comum é 12269:1987 bis, Nova Deli.
20. Tan e pu (1998) "Studies on combination of fly ash and slag improves the strength of concrete at all ages".
21. Tarun R. Naik "Alta resistência inicial contendo grandes quantidades de cinzas volantes".

yes I want morebooks!

Buy your books fast and straightforward online - at one of world's fastest growing online book stores! Environmentally sound due to Print-on-Demand technologies.

Buy your books online at
www.morebooks.shop

Compre os seus livros mais rápido e diretamente na internet, em uma das livrarias on-line com o maior crescimento no mundo! Produção que protege o meio ambiente através das tecnologias de impressão sob demanda.

Compre os seus livros on-line em
www.morebooks.shop

Printed by Books on Demand GmbH, Norderstedt / Germany